런런 옥스퍼드 수학

KB130613

곱셈
실력 다지기

안녕!
나는 팀이야.

안녕!
내 이름은 멀티야.

차 례

3단 곱셈 알기

1 팀이 의자를 만들었어요. 의자 하나에는 다리가 3개씩 있어요. 팀은 매일 의자 다리를 몇 개 만들었을까요?

지난 12일 동안 이 모든 의자를 내가 만들었어!

기억하자!
의자가 하나 많아질 때마다 의자 다리는 3개 많아져요.

1일	의자 1개에는 다리가	3	개 필요해.
2일	의자 2개에는 다리가		개 필요해.
3일	의자 3개에는 다리가		개 필요해.
4일	의자 4개에는 다리가		개 필요해.
5일	의자 5개에는 다리가		개 필요해.
6일	의자 6개에는 다리가		개 필요해.
7일	의자 7개에는 다리가		개 필요해.
8일	의자 8개에는 다리가		개 필요해.
9일	의자 9개에는 다리가		개 필요해.
10일	의자 10개에는 다리가		개 필요해.
11일	의자 11개에는 다리가		개 필요해.
12일	의자 12개에는 다리가		개 필요해.

2 개구리 프랭키가 점프를 해요. 돌다리를 3개씩 건너뛰고 있어요.
프랭키가 뛰게 되는 돌에 색칠하세요.

3 3단 곱셈을 완성하세요.

3칸씩
폴짝폴짝!

3 × 1 = | 3 | 3 × 5 = | | 3 × 9 = | |

3 × 2 = | | 3 × 6 = | | 3 × 10 = | |

3 × 3 = | | 3 × 7 = | | 3 × 11 = | |

3 × 4 = | | 3 × 8 = | | 3 × 12 = | |

체크! 체크!
답이 3씩 커지나요? 3씩 더하면서 답을 확인하세요. [ ]

칭찬 스티커를
붙이세요.

문제를 다 푼 다음, 32쪽으로!

3단 곱셈 알기

1 어린이들이 자전거 바퀴를 닦아요.
각각 바퀴 몇 개를 닦아야 하나요?
알맞은 양동이와 선으로 이어 보세요.

기억하자!
각 어린이의 자전거 수를 세어
보세요. 자전거가 한 대씩 많아질
때마다 바퀴는 3개씩 많아져요.

2 클로버 하나에 잎이 3장이에요. 클로버 잎의 수가
모두 몇 장인지 찾아 알맞게 선으로 이어 보세요.

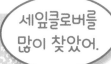

세잎클로버를
많이 찾았어.

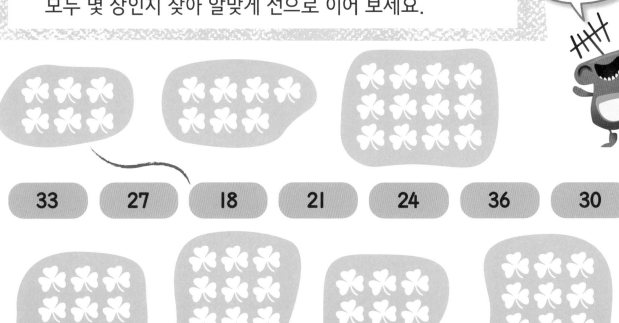

| 33 | 27 | 18 | 21 | 24 | 36 | 30 |

3 각 거리에는 신호등 전구가 몇 개
필요할까요? 빈 곳에 알맞은 수를 쓰세요.

기억하자!
신호등이 한 개 많아지면
전구는 3개 많아져요.

유쾌한 거리

신호등이 ___3___ 개이므로

전구는 ___9___ 개 필요해요.

스마일 거리

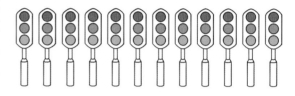

신호등이 _____ 개이므로

전구는 _____ 개 필요해요.

행복한 거리

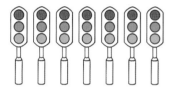

신호등이 _____ 개이므로

전구는 _____ 개 필요해요.

위대한 거리

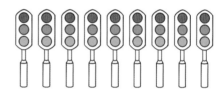

신호등이 _____ 개이므로

전구는 _____ 개 필요해요.

4 시계 하나에는 바늘이 3개예요.
다음 빈 곳에 알맞은 수를 쓰세요.

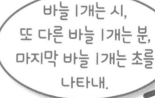
바늘 1개는 시,
또 다른 바늘 1개는 분,
마지막 바늘 1개는 초를
나타내.

시계 8개에는 바늘이 _____ 개

시계 10개에는 바늘이 _____ 개

시계 11개에는 바늘이 _____ 개

시계 5개에는 바늘이 _____ 개

체크! 체크!
3씩 더하며 답을 구했나요? ☐

칭찬 스티커를
붙이세요.

문제를 다 푼 다음, 32쪽으로!

3단 곱셈 알기

1 우주선 1대에는 다리가 3개 있어요.
다음 빈 곳에 알맞은 수를 쓰세요.

기억하자!
우주선이 1대 많아질 때마다
3씩 더하세요.

우주선 2대의 다리는 ＿＿개   우주선 6대의 다리는 ＿＿개

우주선 4대의 다리는 ＿＿개   우주선 3대의 다리는 ＿＿개

우주선 10대의 다리는 ＿＿개   우주선 8대의 다리는 ＿＿개

2 우주선의 수와 다리의 수를 알맞게 선으로 이어 보세요.

5 우주선

33 다리

9 우주선

36 다리

21 다리

11 우주선

3 다리

12 우주선

15 다리

7 우주선

1 우주선

27 다리

3단 곱셈 기억하기

1 축구공에 3단 곱셈의 값을 차례대로 쓰세요.

기억하자!
3단 곱셈의 값을 차례로 말해 보거나 3씩 더해 보세요.

2 돌다리에 3단 곱셈의 값을 차례대로 쓰세요.

체크! 체크!
3씩 더하면서 답이 맞는지 확인하세요. □

문제를 다 푼 다음, 32쪽으로!

3단 곱셈 기억하기

1 곱셈의 답을 찾아 알맞은 스티커를 붙이세요.

기억하자!
3단 곱셈을 외워 보세요.

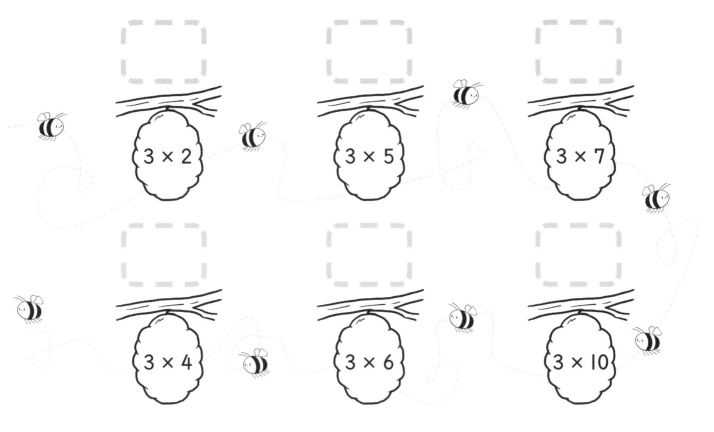

3 × 2

3 × 5

3 × 7

3 × 4

3 × 6

3 × 10

2 3단 곱셈의 값을 모두 찾아 색칠하세요.

내가 비밀 단어를 숨겨 놓았지.

3	9	24	15	19	10	30	12	33	6	13	27
18	1	31	7	25	4	36	23	17	33	28	18
36	11	30	6	15	34	27	19	32	21	35	3
27	20	8	12	22	29	24	11	26	18	16	7
12	24	21	33	5	14	6	30	9	36	2	15

어떤 영어 단어가 보이나요? _____

3 곱셈을 하여 새와 알을 알맞게 선으로 이어 보세요.

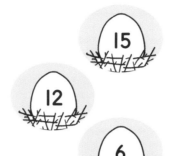

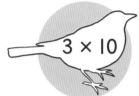

4 다음 곱셈의 값을 오른쪽 그림에서 찾아 ❶ 부터 ❿ 까지 차례로 이어 보세요.

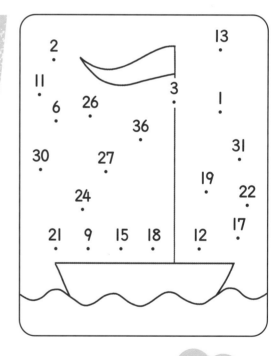

❶ 3 × 1   ❻ 3 × 3

❷ 3 × 12   ❼ 3 × 5

❸ 3 × 9   ❽ 3 × 6

❹ 3 × 8   ❾ 3 × 4

❺ 3 × 7   ❿ 3 × 1

어떤 그림이 나타났나요? _____

체크! 체크!
점을 그려서 답을 확인할 수도 있어요. 예를 들어 3 × 4는 점 3개씩
4줄을 그려 점의 수를 모두 세어 보면 답이 맞는지 확인할 수 있어요.

문제를 다 푼 다음, 32쪽으로!

3단 곱셈 기억하기

1 곱셈을 하여 어린이와 축구공을 알맞게
선으로 이어 보세요.

기억하자!
3단 곱셈의 값을 차례로 말해
보거나 3씩 더해 보세요.

2 3단 곱셈의 값이
있는 칸을 모두
색칠하세요.

어떤 동물이 나타났나요?

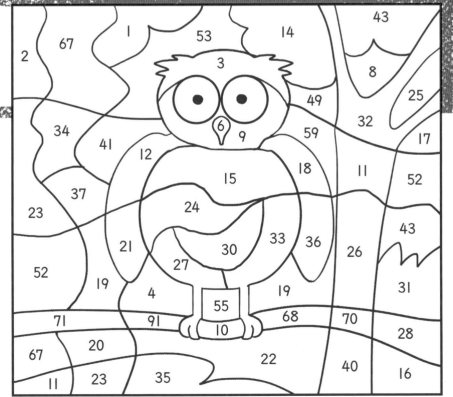

3단 곱셈 이용하기

1 곱셈을 하여 암호를 풀어 보세요. 곱셈의 답에 해당하는 알파벳을
표에서 찾아 빈칸에 쓰세요.

암호

3 = o	11 = i	16 = j	21 = m	27 = n	33 = a
6 = l	12 = p	18 = s	24 = u	28 = z	36 = e
9 = v	14 = g	19 = w	25 = x	30 = r	38 = f
10 = h	15 = t	20 = k	26 = y	32 = c	39 = b

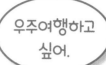

우주여행하고
싶어.

3 × 11　3 × 6　3 × 5　3 × 10　3 × 1　3 × 9　3 × 11　3 × 8　3 × 5

[a] [ ] [ ] [ ] [ ] [ ] [ ] [ ] [ ]

3 × 7　3 × 11　3 × 10　3 × 6

[ ] [ ] [ ] [ ]

3 × 3　3 × 12　3 × 9　3 × 8　3 × 6

[ ] [ ] [ ] [ ] [ ]

3 × 4　3 × 2　3 × 8　3 × 5　3 × 1

[ ] [ ] [ ] [ ] [ ]

3 × 9　3 × 12　3 × 4　3 × 5　3 × 8　3 × 9　3 × 12

[ ] [ ] [ ] [ ] [ ] [ ] [ ]

3 × 6　3 × 11　3 × 5　3 × 8　3 × 10　3 × 9

[ ] [ ] [ ] [ ] [ ] [ ]

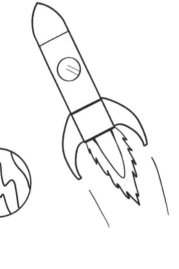

체크! 체크!

3단 곱셈을 외우며 답을 확인해 보세요. [ ]

칭찬 스티커를
붙이세요.

* astronaut 우주 비행사, mars 화성, venus 금성, pluto 명왕성, neptune 해왕성, saturn 토성

문제를 다 푼 다음, 32쪽으로!

3단 곱셈 이용하기

1 깃발의 수에 3을 곱하면 얼마일까요?
각 자동차에 알맞은 스티커를 붙이세요.

자동차에 붙이는 수는 깃발의 수의 3배야.

 5

 9

 4

 7

 11

 12

 2

 3

2 말 1마리에 당근 3개가 필요해요. 다음 빈 곳에 필요한 당근의 수를 쓰세요.

말 10마리에 필요한 당근은 _____ 개

말 11마리에 필요한 당근은 _____ 개

말 6마리에 필요한 당근은 _____ 개

말 12마리에 필요한 당근은 _____ 개

말 4마리에 필요한 당근은 _____ 개

말 7마리에 필요한 당근은 _____ 개

말 1마리에 필요한 당근은 _____ 개

말 2마리에 필요한 당근은 _____ 개

말 8마리에 필요한 당근은 _____ 개

체크! 체크!
3단 곱셈을 외우며 답을 확인해 보세요.

4단 곱셈 알기

1 멀티는 다음과 같이 매일 자동차 바퀴를 닦아요. 빈칸에 알맞은 수를 쓰세요.

기억하자!
자동차 바퀴는 4개예요.

나는 자동차 바퀴 닦기 대장!

1일	자동차 1대의 바퀴는 모두 [ ] 개
2일	자동차 2대의 바퀴는 모두 [ ] 개
3일	자동차 3대의 바퀴는 모두 [ ] 개
4일	자동차 4대의 바퀴는 모두 [ ] 개
5일	자동차 5대의 바퀴는 모두 [ ] 개
6일	자동차 6대의 바퀴는 모두 [ ] 개
7일	자동차 7대의 바퀴는 모두 [ ] 개
8일	자동차 8대의 바퀴는 모두 [ ] 개
9일	자동차 9대의 바퀴는 모두 [ ] 개
10일	자동차 10대의 바퀴는 모두 [ ] 개
11일	자동차 11대의 바퀴는 모두 [ ] 개
12일	자동차 12대의 바퀴는 모두 [ ] 개

칭찬 스티커를 붙이세요.

13

문제를 다 푼 다음, 32쪽으로!

4단 곱셈 알기

1 4단 곱셈을 완성하세요.

기억하자!
4단 곱셈의 값은 0, 2, 4, 6, 8로만 끝나요.

$4 \times 1 = \boxed{4}$

$4 \times 2 = \boxed{}$

$4 \times 3 = \boxed{}$

$4 \times 4 = \boxed{}$

$4 \times 5 = \boxed{}$

$4 \times 6 = \boxed{}$

$4 \times 7 = \boxed{}$

$4 \times 8 = \boxed{}$

$4 \times 9 = \boxed{}$

$4 \times 10 = \boxed{}$

$4 \times 11 = \boxed{}$

$4 \times 12 = \boxed{}$

2 4단 곱셈의 값이 있는 돌을 모두 찾아 색칠하세요.

엄마 사자가 아기 사자들을 만날 수 있게 도와줘!

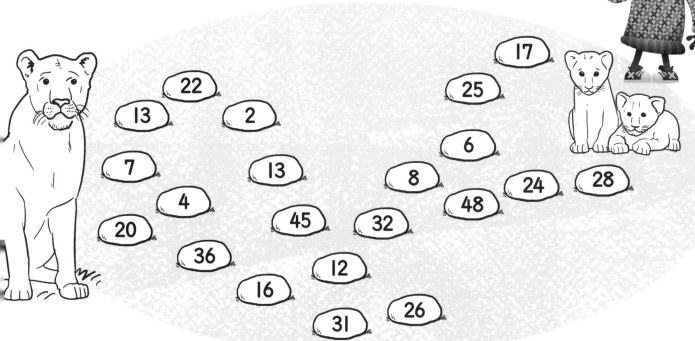

3 빈 곳에 둥지와 아기 새의 수를 알맞게 쓰세요.

둥지 하나에 아기 새 4마리가 있어.

둥지는 _____ 개
아기 새는 _____ 마리

둥지는 _____ 개
아기 새는 _____ 마리

둥지는 _____ 개
아기 새는 _____ 마리

둥지는 _____ 개
아기 새는 _____ 마리

둥지는 _____ 개
아기 새는 _____ 마리

둥지는 _____ 개
아기 새는 _____ 마리

4 각 텐트에는 4개의 장대가 필요해요. 텐트의 수와 필요한 장대의 수를 바르게 선으로 이어 보세요.

장대 8개

장대 28개

장대 24개

장대 32개

장대 44개

칭찬 스티커를 붙이세요.

체크! 체크!
4단 곱셈을 이용했나요? ☐

문제를 다 푼 다음, 32쪽으로!

4단 곱셈 알기

1 하마 1마리에 이빨 4개씩 그려 보세요.
그런 다음 빈 곳에 알맞은 수를 쓰세요.

하마의 이빨은
모두 몇 개일까?

기억하자!
4씩 더해 보세요.

하마 5마리의 이빨은 모두 _____ 개

하마 7마리의 이빨은 모두 _____ 개

하마 2마리의 이빨은 모두 _____ 개

하마 10마리의 이빨은 모두 _____ 개

하마 8마리의 이빨은 모두 _____ 개

하마 9마리의 이빨은 모두 _____ 개

하마 4마리의 이빨은 모두 _____ 개

하마 1마리의 이빨은 모두 _____ 개

2 4번째 칸마다 파란색을 칠하세요.

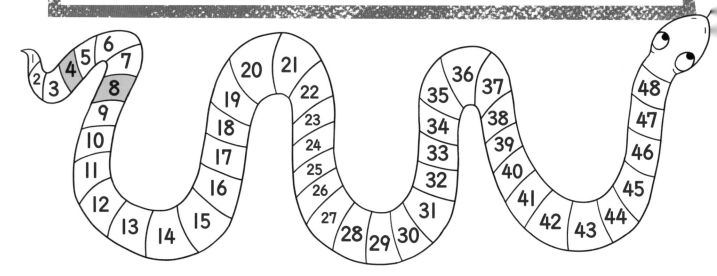

체크! 체크!

4단 곱셈을 이용해 바르게 색칠했는지 확인하세요.

4단 곱셈 기억하기

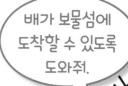

배가 보물섬에 도착할 수 있도록 도와줘.

1 빈 섬에 4단 곱셈의 값을 차례로 써 보세요.

4   8

보물섬

2 4단 곱셈의 값을 계속 이어 써서 선원이 보물이 있는 곳에 도착할 수 있도록 도와주세요.

선원이 있는 곳

X   24   28

3 빈 깃발에 4단 곱셈의 값을 차례로 쓰세요.

48

4

체크! 체크!
4단 곱셈의 값을 순서대로 잘 썼나요?
4씩 더하며 확인해 보세요.

칭찬 스티커를 붙이세요.

문제를 다 푼 다음, 32쪽으로!

4단 곱셈 기억하기

1 우주선에 외계인을 태우려고 해요. 우주선과 외계인을 알맞게 선으로 이어 보세요.

기억하자!
4단 곱셈을 외워 보세요.

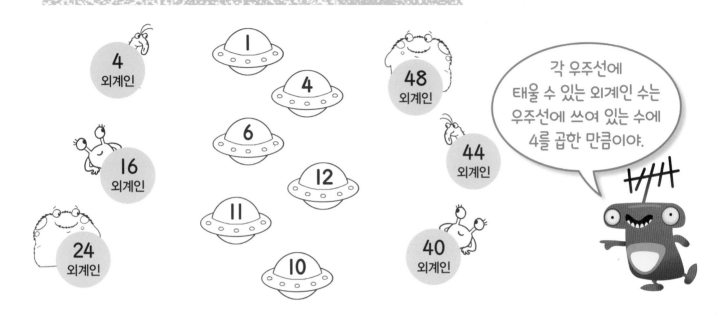

각 우주선에 태울 수 있는 외계인 수는 우주선에 쓰여 있는 수에 4를 곱한 만큼이야.

2 곱셈을 하여 우주선과 우주선이 착륙할 행성을 바르게 선으로 이어 보세요.

18

3 4단 곱셈의 값을 모두 찾아 색칠하세요.

내가 비밀 단어를 숨겨 두었지!

20	1	37	26	8	21	24	33	16	4	32	3	44	12	40
28	36	29	47	16	49	20	13	44	18	43	5	24	27	45
12	15	40	11	48	7	16	10	8	25	50	46	36	28	4
32	23	25	44	20	33	40	3	36	31	39	14	28	35	22
4	42	6	17	24	41	32	19	8	12	40	9	20	16	48

어떤 영어 단어가 나타났나요? _____

4 다음 곱셈의 값을 오른쪽 그림에서 찾아
❶부터 ⓫까지 차례로 이어 보세요.

달까지 날아가자!

❶ 4 × 3
❷ 4 × 7
❸ 4 × 12
❹ 4 × 2
❺ 4 × 9
❻ 4 × 11
❼ 4 × 4
❽ 4 × 10
❾ 4 × 1
❿ 4 × 5
⓫ 4 × 8

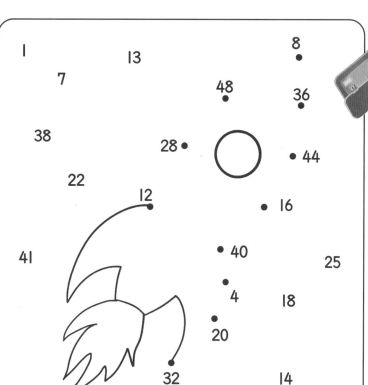

체크! 체크!
4단 곱셈을 이용해 정답을 확인하세요. ☐

문제를 다 푼 다음, 32쪽으로!

4단 곱셈 기억하기

1 각 집에는 문 번호가 있어요. 창문 수에 4를 곱한 수가 문 번호예요. 각 집에 알맞은 문 번호 스티커를 붙이세요.

기억하자!
4단 곱셈을 이용하세요.

2 곱셈을 하여 열쇠와 열쇠 구멍을 바르게 선으로 이어 보세요.

열쇠를 바르게 꽂아야 문이 열려.

 26

 4 × 7

44

48

4 × 12

28

46

4 × 5

16

4 × 8

20

4 × 4

32

4단 곱셈 이용하기

1 곱셈을 하여 암호를 풀어 보세요. 곱셈의 답에 해당하는 알파벳을 표에서 찾아 빈칸에 쓰세요.

기억하자!
4단 곱셈을 외워 보세요.

비밀을 풀면 내 반려동물들을 알 수 있을 거야. 강아지, 돼지도 키우고 싶은데, 강아지(dog), 돼지(pig)로 문제를 만들어 볼까?

암호

2 = q	10 = j	18 = h	26 = w	34 = y	42 = b	50 = e
4 = r	12 = k	20 = l	28 = o	36 = a	44 = g	52 = f
6 = s	14 = m	22 = v	30 = x	38 = z	46 = i	
8 = u	16 = n	24 = p	32 = c	40 = d	48 = t	

4 × 8 4 × 9 4 × 12   4 × 10 4 × 2 4 × 8 4 × 3

4 × 6 4 × 9 4 × 1 4 × 1 4 × 7 4 × 12

4 × 12 4 × 9 4 × 1 4 × 9 4 × 4 4 × 12 4 × 2 4 × 5 4 × 9

2 기르고 싶은 반려동물이 있나요? 위 표를 이용해 반려동물의 이름을 찾을 수 있도록 빈칸에 알맞은 곱셈을 써 보세요. 그런 다음 친구에게 풀어 보게 하세요.

칭찬 스티커를 붙이세요.

* cat 고양이, duck 오리, parrot 앵무새, tarantula 타란툴라(거미)

문제를 다 푼 다음, 32쪽으로!

3단, 4단 곱셈 이용하기

1 줄무늬 공을 넣으면 3점을 얻고 점무늬 공을 넣으면 4점을 얻어요.

기억하자!
3단 곱셈과 4단 곱셈을 기억하나요?

데이지는 점무늬 공 9개를 골에 넣었어요. 몇 점을 얻었나요? ☐ 점

사미르는 점무늬 공 7개를 골에 넣었어요. 몇 점을 얻었나요? ☐ 점

알렉스는 점무늬 공 12개를 골에 넣었어요. 몇 점을 얻었나요? ☐ 점

레아는 줄무늬 공 11개를 골에 넣었어요. 몇 점을 얻었나요? ☐ 점

야스민은 점무늬 공 6개를 골에 넣었어요. 몇 점을 얻었나요? ☐ 점

조슬린은 줄무늬 공 12개를 골에 넣었어요. 몇 점을 얻었나요? ☐ 점

니시는 줄무늬 공 7개와 점무늬 공 4개를 골에 넣었어요.
몇 점을 얻었나요? ☐ 점

2 각 축구 선수는 셔츠의 수에 3 또는 4를 곱한 수가 쓰인 공을 가지고 있어요. 각 축구 선수에게 알맞은 축구공 스티커를 붙이세요.

공의 수가 선수들이 얻은 점수야. 누가 가장 많은 점수를 얻었니?

8단 곱셈 알기

1 거미는 다리가 8개 있어요. 다음 거미 가족은 모두 몇 개의 다리를 가지고 있나요?

기억하자!
거미 가족의 다리의 수를 모두 세어 보세요.

거미 1마리의 다리는 ☐ 개

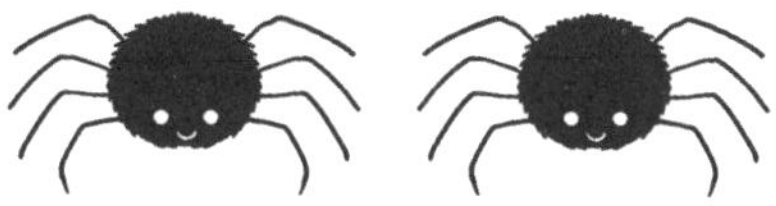

거미 2마리의 다리는 ☐ 개

거미 3마리의 다리는 ☐ 개

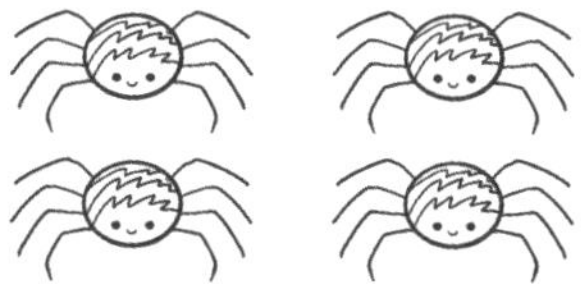

거미 4마리의 다리는 ☐ 개

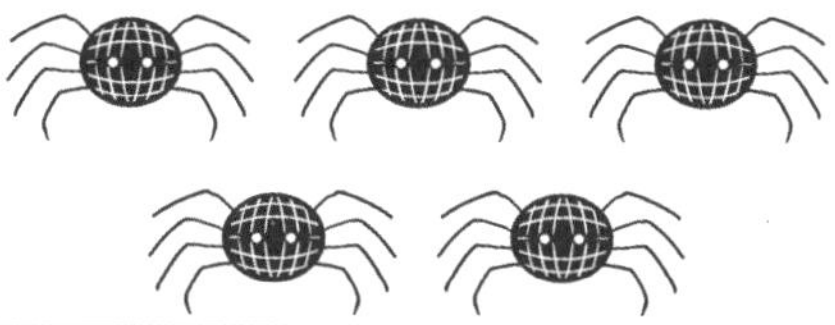

거미 5마리의 다리는 ☐ 개

거미 6마리의 다리는 ☐ 개

거미 7마리의 다리는 ☐ 개

거미 8마리의 다리는 ☐ 개

거미 9마리의 다리는 ☐ 개

거미 10마리의 다리는 ☐ 개

거미 11마리의 다리는 ☐ 개

거미 12마리의 다리는 ☐ 개

칭찬 스티커를 붙이세요.

문제를 다 푼 다음, 32쪽으로!

8단 곱셈 알기

1 거미 가족의 눈은 모두 몇 개인가요?

기억하자!
거미가 1마리 늘어날 때마다 8씩 더해요.

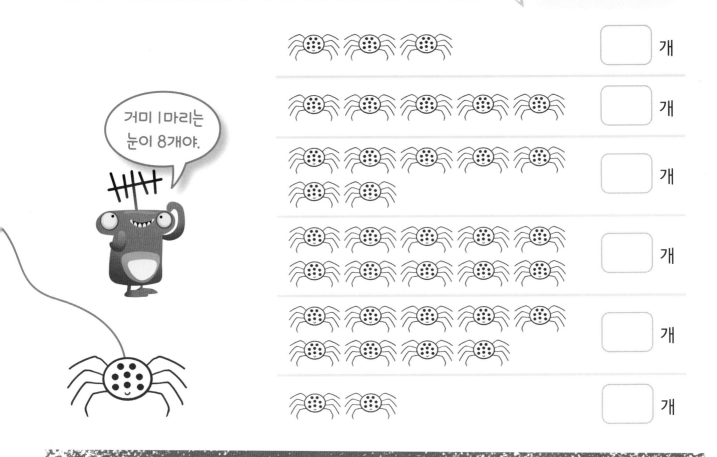

거미 1마리는 눈이 8개야.

2 각 꽃에 꽃잎을 8개씩 그리세요. 그런 다음 빈 곳에 알맞은 수를 쓰세요.

꽃 __6__ 송이의 꽃잎은 모두 _____ 장

꽃 _____ 송이의 꽃잎은 모두 _____ 장

꽃 _____ 송이의 꽃잎은 모두 _____ 장

꽃 _____ 송이의 꽃잎은 모두 _____ 장

3 목도리에 8단 곱셈의 값이 있어요. 왼쪽 목도리를 손으로 가리고 오른쪽 목도리에 8단 곱셈의 값을 써 보세요.

초록색 숫자를 봐. 8, 6, 4, 2, 0이 반복되고 있어.

8, 6, 4, 2, 0을 거꾸로 읽으면 2단 곱셈의 값이 되네. 보라색 숫자에서도 규칙을 찾아봐.

8	8 × 1 =
16	8 × 2 =
24	8 × 3 =
32	8 × 4 =
40	8 × 5 =
48	8 × 6 =
56	8 × 7 =
64	8 × 8 =
72	8 × 9 =
80	8 × 10 =
88	8 × 11 =
96	8 × 12 =

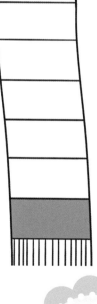

체크! 체크!
수가 8씩 커지고 있는지 다시 확인해 보세요.

문제를 다 푼 다음, 32쪽으로!

8단 곱셈 기억하기

물개 사이먼이 공을 골에 넣도록 도와줘!

1 빈칸에 8단 곱셈의 값을 차례로 쓰세요.

기억하자!
8단 곱셈을 외워 보세요.

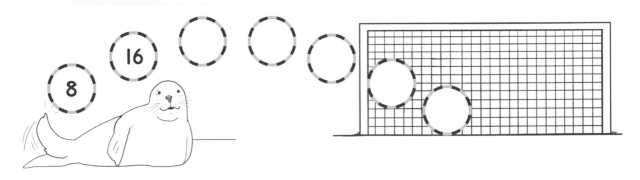

2 빈칸에 8단 곱셈의 값을 차례로 쓰세요.

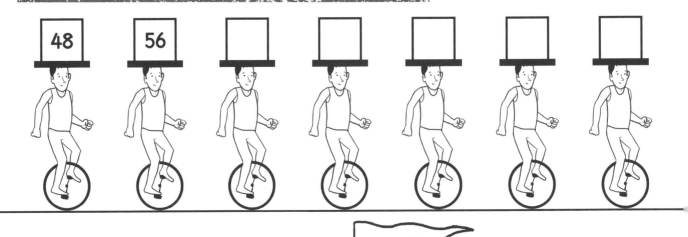

48 56

3 빈칸에 8단 곱셈의 값을 차례로 쓰세요.

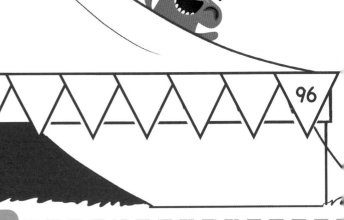

8   96

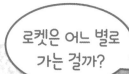

로켓은 어느 별로 가는 걸까?

4 곱셈을 하여 빈칸에 알맞은 로켓 스티커를 붙이세요.

5 곱셈을 하여 행성과 달을 알맞게 선으로 이어 보세요.

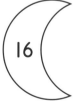 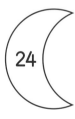 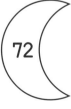 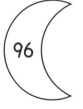

체크! 체크!
8단 곱셈을 이용하거나 8씩 더하면서
답을 확인해 보세요. ☐

칭찬 스티커를
붙이세요.

문제를 다 푼 다음, 32쪽으로!

8단 곱셈 기억하기

1 8단 곱셈의 값을 모두 찾아 색칠하세요.

> 내가 비밀 단어를 숨겨 놨지!

기억하자!
8단 곱셈을 이용하거나 8씩 더하면서 찾아보세요.

32	20	12	5	56	27	88	96	16	3	72	24	40	18	8
1	16	31	80	95	43	64	59	7	26	88	41	23	10	48
22	65	72	61	34	98	88	40	21	57	96	80	56	33	24
60	97	48	19	55	11	24	35	83	62	6	17	16	44	2
9	45	24	42	4	25	16	8	96	30	56	72	32	14	64

어떤 영어 단어가 나타났나요? _____

2 다음 곱셈의 답을 찾아 색칠하세요. 누가 숨어 있나요?

8 × 3   8 × 10

8 × 9   8 × 6

8 × 11   8 × 2

8 × 12   8 × 5

8 × 7   8 × 1

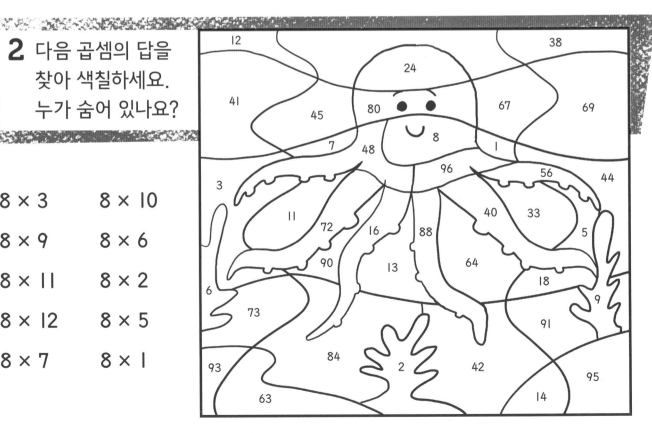

8단 곱셈 이용하기

1 곱셈을 하여 암호를 풀어 보세요.
곱셈의 답에 해당하는 알파벳을 표에서
찾아 빈칸에 쓰세요

기억하자!
8단 곱셈의 값은 0, 2, 4, 6, 8로
끝나요.

암호

8 = n	24 = i	40 = u	54 = t	64 = e	88 = a
14 = o	26 = j	44 = v	56 = s	68 = c	96 = h
18 = m	28 = q	48 = w	58 = y	72 = l	
20 = p	32 = r	52 = x	62 = z	80 = k	

8 × 7 8 × 12 8 × 11 8 × 4 8 × 10   8 × 8 8 × 8 8 × 9

8 × 6 8 × 12 8 × 11 8 × 9 8 × 8

비밀을 풀면
바다 생물 이름이 보일 거야.
거북(turtle), 문어(octopus)로
문제를 만들어 봐.

8 × 6 8 × 11 8 × 9 8 × 4 8 × 5 8 × 7

2 좋아하는 바다 생물이 있나요? 위 표를 이용해 바다
생물의 이름을 찾을 수 있도록 빈칸에 알맞은 곱셈을
써 보세요. 그런 다음 친구에게 풀어 보게 하세요.

칭찬 스티커를
붙이세요.

* shark 상어, eel 장어, whale 고래, walrus 바다코끼리

문제를 다 푼 다음, 32쪽으로!

4단, 8단 곱셈 이용하기

1 8단 곱셈의 값이 있는 꽃에 ○표 하세요.

기억하자!
전체는 4단 곱셈의 값이에요.

말풍선: 난 8단 곱셈 꽃이 좋아.

4 ⟨8⟩ 12 ⟨16⟩ 20 24

28 32 36 40 44 48

2 각 어린이는 몇 점을 얻었나요?

파란색 고리 1개는 4점이에요.
빨간색 고리 1개는 8점이에요.

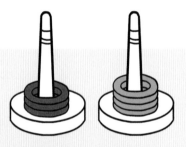

비제는 막대기에 빨간색 고리 4개를 걸었어요. 모두 몇 점인가요?　　□ 점

타냐는 막대기에 파란색 고리 9개를 걸었어요. 모두 몇 점인가요?　　□ 점

해리는 막대기에 파란색 고리 7개를 걸었어요. 모두 몇 점인가요?　　□ 점

엘리야는 막대기에 빨간색 고리 11개, 파란색 고리 3개를 걸었어요.
모두 몇 점인가요?　　□ 점

체크! 체크!
8단 곱셈과 4단 곱셈을 이용했나요?　□

3단, 4단, 8단 곱셈 이용하기

1 각 어린이는 몇 점을 얻었나요? 빈칸에 알맞은 수를 쓰세요.

줄무늬 컵에 넣으면 공 1개에 3점이에요.
점무늬 컵에 넣으면 공 1개에 4점이에요.
무늬 없는 컵에 넣으면 공 1개에 8점이에요.

아샤는 점무늬 컵에 공 4개를 넣었어요. 모두 몇 점인가요?　□ 점

루카스는 줄무늬 컵에 공 7개를 넣었어요. 모두 몇 점인가요?　□ 점

마리아는 점무늬 컵에 공 9개를 넣었어요. 모두 몇 점인가요?　□ 점

토머스는 무늬 없는 컵에 공 12개를 넣었어요. 모두 몇 점인가요?　□ 점

소피는 무늬 없는 컵에 공 3개를 넣었어요. 모두 몇 점인가요?　□ 점

이삭은 점무늬 컵에 공 12개를 넣었어요. 모두 몇 점인가요?　□ 점

디에고는 줄무늬 컵에 공 5개를 넣었어요. 모두 몇 점인가요?　□ 점

존은 무늬 없는 컵에 공 9개를 넣었어요. 모두 몇 점인가요?　□ 점

케이시는 점무늬 컵에 공 8개, 무늬 없는 컵에 공 7개를 넣었어요.
모두 몇 점인가요?　□ 점

딜런은 줄무늬 컵에 공 4개, 점무늬 컵에 공 7개를 넣었어요.
모두 몇 점인가요?　□ 점

체크! 체크!
3단, 4단, 8단 곱셈을 이용했나요?　□

칭찬 스티커를
붙이세요.

문제를 다 푼 다음, 32쪽으로!

나의 실력 점검표

얼굴에 색칠하세요.

쪽	나의 실력은?	스스로 점검해요!		
2~3	3단 곱셈을 알게 되었어요.	(◕‿◕)	(•‿•)	(◞‸◟)
4~5	3단 곱셈을 알게 되었어요.	(◕‿◕)	(•‿•)	(◞‸◟)
6~7	3단 곱셈을 알고 기억할 수 있어요.	(◕‿◕)	(•‿•)	(◞‸◟)
8~9	3단 곱셈을 기억할 수 있어요.	(◕‿◕)	(•‿•)	(◞‸◟)
10~11	3단 곱셈을 기억하고 이용할 수 있어요.	(◕‿◕)	(•‿•)	(◞‸◟)
12~13	3단 곱셈을 이용할 수 있고 4단 곱셈을 알게 되었어요.	(◕‿◕)	(•‿•)	(◞‸◟)
14~15	4단 곱셈을 알게 되었어요.	(◕‿◕)	(•‿•)	(◞‸◟)
16~17	4단 곱셈을 알고 기억할 수 있어요.	(◕‿◕)	(•‿•)	(◞‸◟)
18~19	4단 곱셈을 기억할 수 있어요.	(◕‿◕)	(•‿•)	(◞‸◟)
20~21	4단 곱셈을 기억하고 이용할 수 있어요.	(◕‿◕)	(•‿•)	(◞‸◟)
22~23	3단, 4단 곱셈을 이용할 수 있고 8단 곱셈을 알게 되었어요.	(◕‿◕)	(•‿•)	(◞‸◟)
24~25	8단 곱셈을 알게 되었어요.	(◕‿◕)	(•‿•)	(◞‸◟)
26~27	8단 곱셈을 기억할 수 있어요.	(◕‿◕)	(•‿•)	(◞‸◟)
28~29	8단 곱셈을 기억하고 이용할 수 있어요.	(◕‿◕)	(•‿•)	(◞‸◟)
30~31	3단, 4단, 8단 곱셈을 이용할 수 있어요.	(◕‿◕)	(•‿•)	(◞‸◟)

실력이 많이 늘었지?

정답

2~3쪽

1. 6, 9, 12, 15, 18, 21, 24, 27, 30, 33, 36

2.

3. 6, 9, 12, 15, 18, 21, 24, 27, 30, 33, 36

4~5쪽

1.

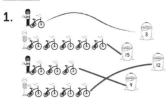

2.

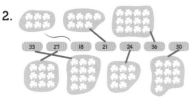

3. 스마일 거리 – 12, 36   행복한 거리 – 7, 21
위대한 거리 – 9, 27

4. 24, 30, 33, 15

6쪽

1. 6, 18, 12, 9, 30, 24

7쪽

1. 9, 12, 15, 18

2. 6, 9, 12, 15, 18, 21, 24, 27, 30, 33

8~9쪽

1. 6, 15, 21, 12, 18, 30

2. GO!

3	9	24	15	19	10	30	12	33	6	13	27
18	1	31	7	25	4	36	23	17	33	28	18
36	11	30	6	15	34	27	19	32	21	35	3
27	20	8	12	22	29	24	11	26	18	16	7
12	24	21	33	5	14	6	30	9	36	2	15

3. 3 x 2 = 6, 3 x 10 = 30, 3 x 5 = 15,
3 x 4 = 12, 3 x 7 = 21, 3 x 6 = 18

4.

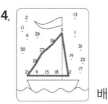

배

10쪽

1. 3 x 6 = 18, 3 x 4 = 12, 3 x 7 = 21,
3 x 9 = 27, 3 x 8 = 24

2.

부엉이

11쪽

1. astronaut, mars, venus, pluto, neptune, saturn

12쪽

1. 15, 27, 12, 21, 33, 36, 6, 9

2. 30, 12, 33, 21, 18, 3, 36, 6, 24

13쪽

1. 4, 8, 12, 16, 20, 24, 28, 32, 36, 40, 44, 48

14~15쪽

1. 8, 12, 16, 20, 24, 28, 32, 36, 40, 44, 48

2.

3. 3, 12, 5, 20, 9, 36, 1, 4, 10, 40, 11, 44

4.

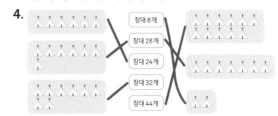

16쪽

1. 20, 32, 28, 36, 8, 16, 40, 4

2.

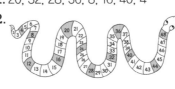

17쪽

1. 12, 16, 20, 24
2. 32, 36, 40, 44
3. 8, 12, 16, 20, 24, 28, 32, 36, 40, 44

18~19쪽

1.

2. 4 x 7 = 28, 4 x 2 = 8, 4 x 9 = 36,
4 x 5 = 20, 4 x 10 = 40, 4 x 8 = 32

3. NICE

20	1	37	26	8	21	24	33	16	4	32	3	44	12	40
28	36	29	47	16	49	20	13	44	18	43	5	24	27	45
12	15	40	11	48	7	16	10	8	25	50	46	36	28	4
32	23	25	44	20	33	40	3	36	31	39	14	28	35	22
4	42	6	17	24	41	32	19	8	12	40	9	20	16	48

4.

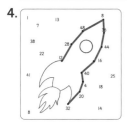

20쪽

1. 24, 8, 36, 12, 44, 4
2. 4 x 7 = 28, 4 x 12 = 48, 4 x 5 = 20, 4 x 8 = 32,
4 x 4 = 16

21쪽

1. cat, duck, parrot, tarantula
2. 아이의 답을 확인해 주세요.

22쪽

1. 36, 28, 48, 33, 24, 36, 37
2. 제이미 – 36, 스콧 – 18, 아샤 – 32, 빌리 – 30,
에린 – 20, 아르준 – 16

23쪽

1. 8, 16, 24, 32, 40, 48, 56, 64, 72, 80, 88, 96

24~25쪽

1. 24, 40, 56, 80, 72, 16
2. 48, 4, 32, 8, 64, 12, 96
3. 8, 16, 24, 32, 40, 48, 56, 64, 72, 80, 88, 96

26~27쪽

1. 24, 32, 40, 48, 56
2. 64, 72, 80, 88, 96
3. 16, 24, 32, 40, 48, 56, 64, 72, 80, 88
4. 8, 64, 80, 32, 48, 88
5. 8 x 3 = 24, 8 x 5 = 40, 8 x 2 = 16,
8 x 7 = 56, 8 x 9 = 72, 8 x 12 = 96

28쪽

1. YES!

32	20	12	5	56	27	88	96	16	3	72	24	40	18	8
1	16	31	80	95	43	64	59	7	26	88	41	23	10	48
22	65	72	61	34	98	88	40	21	57	96	80	56	33	24
60	97	48	19	55	11	24	35	83	62	6	17	16	44	2
9	45	24	42	4	25	16	8	96	30	56	72	32	14	64

2.

문어

29쪽

1. shark, eel, whale, walrus
2. 아이의 답을 확인해 주세요.

30쪽

1. 24, 32, 40, 48
2. 32, 36, 28, 100

31쪽

1. 16, 21, 36, 96, 24, 48, 15, 72, 88, 40

정리 노트

런런 옥스퍼드 수학

4-6 곱셈 실력 다지기

초판 1쇄 발행 2022년 12월 6일
글·그림 옥스퍼드 대학교 출판부 **옮김** 상상오름
발행인 이재진 **편집장** 안경숙 **편집 관리** 윤정원 **편집 및 디자인** 상상오름
마케팅 정지운, 김미정, 신희용, 박현아, 박소현 **국제업무** 장민경, 오지나 **제작** 신홍섭
펴낸곳 (주)웅진씽크빅
주소 경기도 파주시 회동길 20 (우)10881
문의 031)956-7403(편집), 02)3670-1191, 031)956-7065, 7069(마케팅)
홈페이지 www.wjjunior.co.kr **블로그** wj_junior.blog.me **페이스북** facebook.com/wjbook
트위터 @wjbooks **인스타그램** @woongjin_junior
출판신고 1980년 3월 29일 제406-2007-00046호
원제 PROGRESS WITH OXFORD: MATH
한국어판 출판권 ⓒ(주)웅진씽크빅, 2022 **제조국** 대한민국

ISBN 978-89-01-26535-3
ISBN 978-89-01-26510-0 (세트)

잘못 만들어진 책은 바꾸어 드립니다.
주의 1. 책 모서리가 날카로워 다칠 수 있으니 사람을 향해 던지거나 떨어뜨리지 마십시오.
   2. 보관 시 직사광선이나 습기 찬 곳은 피해 주십시오.